STATION CLIMATIQUE

MALADIES

DU

SYSTÈME NERVEUX

ET DE LA

NUTRITION GÉNÉRALE

TROUBLES de la CROISSANCE

STATION THERMALE

ARGELÈS-GAZOST

HAUTES-PYRÉNÉES

INSTITUT

DE

Thérapeutique physique

ET

D'ORTHOPÉDIE

ARGELÈS-GAZOST

(HAUTES-PYRÉNÉES)

Thérapeutique par les agents physiques

CURE DE RÉGIMES — CURE THERMALE
CURE D'AIR — CURE DE CLIMAT

NOTICE ILLUSTRÉE

CONTENANT

1° Une étude médicale sur le climat d'Argelès par les docteurs FRAIKIN et GRENIER DE CARDENAL.

2° Des indications sur l'Institut de thérapeutique physique (ressources thérapeutiques — maladies traitées).

3° Des indications sur la « Maison médicale de repos », sur les hôtels, villas, pensions de famille.

4° Des indications sur l'Établissement thermal (ressources thérapeutiques — maladies traitées).

5° Des indications sur les excursions.

6° Une carte de la région d'Argelès.

VALLÉE D'ARGELÈS

ARGELÈS-GAZOST

(Hautes-Pyrénées)

STATION CLIMATIQUE (1)

Par les Docteurs Albert **FRAÏKIN** et **H. GRENIER de CARDENAL**
Anciens Chefs de clinique à l'Université de Bordeaux
Ex-internes lauréats des hôpitaux
Directeurs de l'Institut de thérapeutique physique d'Argelès

I. **Situation.** — La station d'Argelès-Gazost est située dans le département des Hautes-Pyrénées, à 12 kilomètres au sud de Lourdes, à 40 kilomètres à l'est de Pau. La vallée, au fond de laquelle coule le gave de Pau, s'enfonce perpendiculairement à la grande chaîne, du nord-est au sud-ouest, sur une longueur de 15 kilomètres, entre le pic du Jer et la petite chaîne du Pibeste. D'abord très étroite, elle s'élargit sensiblement jusqu'à Argelès, où elle mesure près de 3 kilomètres de diamètre transversal. C'est une des plus riantes et des plus jolies vallées des Pyrénées.

Argelès est à 16 heures de chemin de fer de Paris (trajet direct), 5 heures de Bordeaux, 3 heures de Toulouse.

---

(1) Communication présentée au Congrès climatothérapique de Biarritz, avril 1908. Publiée in compte rendu officiel du Congrès et in *Avenir médical*, juillet 1908, et *Gazette des Eaux*, février 1909.

La topographie d'Argelès-station figure assez bien un demi-cercle, ou plutôt un arc. La corde de l'arc représente la vallée et le gave : c'est suivant cette corde que souffle la brise ou le vent qui vient par la trouée de Lourdes et se dirige vers Pierrefitte et Arrens. La ville basse, ou ville thermo-climatique, placée près de la gare, en pleine vallée, est ainsi rafraîchie tout l'été par la brise régulière. La ville haute, placée au sommet de l'arc, est plus éloignée de ce courant aérien. Ceci explique que plus chaude que la vallée en hiver, parce que plus abritée, elle est aussi moins agréable pendant les mois d'été.

Les indications thérapeutiques d'Argelès-Gazost peuvent être étudiées au point de vue *thermal* (eaux sulfureuses bromo-iodurées) ou au point de vue *climatérique*.

Nous ne nous occuperons que de ce dernier.

II. Climatologie. — 1° TEMPÉRATURE.

— On dit souvent qu'il fait très chaud à Argelès en été. C'est là une erreur. Assurément, en juillet et pendant la première dizaine d'août, le thermomètre monte assez haut durant quelques heures; mais pendant les matinées et les fins d'après-midi, l'atmosphère est délicieuse et fraîche.

Voici les températures moyennes totales des mois de la saison 1907 :

Avril, 9°25; mai, 14°87; juin, 16°62; juillet, 18°; août, 20°; septembre, 17°62; octobre, 12°.

On n'a d'ailleurs qu'à considérer la fraîcheur des sites, la luxuriance de la végétation, les prairies et les sous-bois toujours verts et frais, même au mois d'août, pour se rendre compte que les fortes chaleurs ne durent pas.

Les qualités principales du climat d'Argelès, en dehors de la saison d'été dont nous venons de parler, ont été bien mises en évidence par le docteur Ferrand, le savant médecin de l'Hôtel-Dieu, dans la communication qu'il fit en 1885 à l'Académie des sciences. Il s'agissait de la création d'un sanatorium destiné à des orphelines issues de souches tuberculeuses. Après bien des études et des recherches dans le Plateau Central, les Alpes, les Pyrénées, une commission scientifique, dans laquelle on relève les noms de Maurice Raynaud, Woillez, Bergeron, Barthez, Bucquoy, Ferrand, conclut à l'édification de cet orphelinat sur le flanc de la montagne de Gez, immédiatement au-dessus d'Argelès. « Argelès, dit le docteur Ferrand, réunit les qualités d'une station assez élevée, de température douce et d'hygrométrie constante. Joignons à cela que la pluie n'y est pas très fréquente, que les jours de soleil y sont très nombreux. »

Dans sa thèse (1901), consacrée à ce sanatorium, le docteu
Ch. Raynaud aboutit aux mêmes conclusions : « Les moyennes
totales des mois d'hiver ont oscillé entre 4°5 et 11°13, ce qui n'est
pas une bien forte oscillation. La moyenne thermométrique, très

DANS LE PARC DE L'INSTITUT

comparable à celle de Pau, est un peu plus basse qu'à Nice et à
Amélie-les-Bains; mais les oscillations nychtémérales sont moins
considérables. »

Voici, d'après les relevés officiels, quelles ont été les températures moyennes totales des mois d'hiver 1907 :

Novembre, 8°75; décembre, 7°50; janvier, 5°50; février, 5°6;
mars, 8°3.

On voit qu'à Argelès l'hiver est court; le soleil y brille très sou-

vent (voir plus loin) et la neige est rare. Il a neigé 9 fois en 1907,
La couche de neige est toujours très faible et fond très vite dans
la vallée. Argelès pourrait donc, à la rigueur, être une station
d'hiver, et les résultats obtenus au sanatorium du mont de Gez, qui
est ouvert toute l'année, sont excellents.

C'est, en tout cas, outre une station estivale, une station de
printemps et d'automne. Les Anglais le savent bien (et on peut se
fier à leur expérience en fait de climatologie), qui y forment une
colonie à partir de mars. Quant aux automnes, ils y sont délicieux.
« A partir de la deuxième semaine d'août, écrit le docteur Thermes
dans un travail intéressant, la température du jour s'abaisse, les
soirées sont tièdes, les nuits fraîches sans être froides; et voici
venir septembre, avec ses journées ensoleillées, ses séries de dix
jours superbes, ses soirées et ses nuits étoilées, et surtout le calme
et l'immobilité de l'air. Aussi, c'est pour cette station qu'il faut
dire : La journée médicale est longue (1). » Le mois d'octobre lui-
même y est des plus agréables, et les malades les plus frileux
peuvent, presque tous les ans, y séjourner sans inconvénient
jusqu'au 1er ou 15 novembre.

2° ÉTAT HYGROMÉTRIQUE. — Un facteur des plus intéressants,
surtout pour les neurologistes, est l'humidité relative de l'atmosphère. Argelès est placé sur le versant français des Pyrénées,
c'est-à-dire en un point où viennent s'arrêter et se condenser les
vapeurs amenées de l'Océan par les vents d'ouest. La ville se trou-
vant en dehors des courants qui vont inonder Lourdes et Cauterets
— et les montagnes étant très éloignées les unes des autres, — il y
pleut moins et les orages y sont bien moins fréquents que dans ces
dernières localités.

Dans les pays d'altitude, les nuages restent souvent, à la suite
des orages, attachés aux montagnes; aussi, quand les gorges sont
étroites, prolongent-ils la durée des pluies. Mais à Argelès, où la
vallée est très large, les jours de clair soleil sont très nombreux :
plus de 200 par an, d'après la moyenne des dernières années. La
moyenne des jours de pluie est de 70 à 80 par an (147 à Paris, 140
à Pau). Pendant l'année 1906, les relevés officiels indiquent 70 journées et 26 nuits pluvieuses; en 1907, 60 journées et 57 nuits pluvieuses.

Il y pleut cependant assez pour maintenir la température à une
bonne moyenne et l'atmosphère normalement humide. Disons en
outre que la vallée est abondamment arrosée par des gaves nom-

(1) *Notice médicale sur Argelès*, par le docteur Thermes.

breux qui courent de toutes parts et entretiennent une humidité *constante.* Quant aux *brouillards,* ils sont très rares à Argelès.

3° LE SOL est formé de moraines et d'alluvions; il est par conséquent très perméable. L'eau ne séjourne pas, le rues et les promenades se dessèchent rapidement : fait très important, au même point de vue, car il ne faut pas confondre l'eau courante, torrentueuse, qui humidifie l'air, mais en active la circulation et le purifie, avec l'eau stagnante. Il n'existe pas dans l'air d'humidité libre, *communicable,* pour nous servir de l'expression de Taylor.

Toutes ces conditions font qu'Argelès jouit du climat dit « girondin » — en somme, le même que celui de Pau, avec moins de pluie, — climat essentiellement sédatif, et dont la qualification classique de « climat bromuré » n'a rien d'exagéré.

4° ALTITUDE ET PRESSION ATMOSPHÉRIQUE. — Mais il ne faut pas oublier qu'Argelès est une station de montagne : avantage qui s'ajoute aux précédents.

Certes, l'altitude n'y est pas très élevée : 450 mètres au-dessus du niveau de la mer. C'est ce qu'on peut appeler une *altitude moyenne,* éminemment favorable pour une cure de repos. Cette altitude favorise les échanges, facilite la gymnastique respiratoire, le libre jeu des organes, la restauration de l'état général. Voici ce que disait, à ce point de vue, le docteur Ferrand, dans son rapport :

« Par son altitude, l'air y est vivifiant au point d'entraîner un léger degré d'excitation fonctionnelle; mais comme il est en même temps généralement doux, comme il est surtout humecté d'une notable proportion de vapeur d'eau, il ne fouette pas les sujets inutilement et les entraîne à faire une bonne restauration nutritive, sans épuiser leurs aptitudes sensitives motrices. »

On conçoit que ces données, si elles sont applicables aux malades atteints d'une affection respiratoire, de troubles chloro-anémiques, de faiblesse organique, et qui ont besoin d'un climat qui facilite le jeu de leur respiration, sont non moins favorables (et nous y reviendrons plus loin) aux malades nerveux.

A ce point de vue, l'action de la vallée même d'Argelès est plus manifeste que celle d'Argelès-montagne. Argelès-montagne est surtout tonique. Argelès-vallée est de plus sédatif.

La pression atmosphérique est en moyenne de 715 millimètres. Elle varie assez peu, et cette variation est rarement brusque; les dépressions et ascensions de la courbe barométrique se font en lysis. Pendand l'été de 1907, qui a été particulièrement orageux dans toute la France, la pression a oscillé dans ses points minimum et maximum, entre 716 millimètres et 728 millimètres. Les oscillations courantes variaient entre 718 et 725 millimètres.

A ces dispositions toutes spéciales du climat : vallée très large, horizon plat et très étendu donnant au malade presque l'illusion qu'il habite en plaine, et égalité relative de la pression barométrique, les nerveux, les inquiets, les phobiques doivent de ne pas trouver cette sensation d'angoisse, ce malaise pénible, souvent insurmontable, qu'ils éprouvent à des altitudes plus élevées, où les montagnes sont plus resserrées, les gorges montagneuses plus étroites et la pression barométrique trop faible.

Disons, en terminant ce paragraphe, que l'*ozone* existe en grandes quantités dans l'air de la station.

5° COURANTS ATMOSPHÉRIQUES. — Les vents sont peu violents à Argelès en raison de l'orientation de la vallée. Les vents qui dominent sont le vent du nord, dejà brisé par le mont de Jer et par la chaîne de Pibeste qui ferment l'entrée de la vallée, et le vent du sud ou vent d'Espagne, chaud et fatigant, mais très rare. Les vents venant de l'ouest, du nord, du nord-ouest prennent tous la direction que leur impriment les chaînes de montagnes; ils arrivent à Argelès suivant la direction nord-est, par la coulée de Lourdes, et se dirigent vers les vallées d'Arrens, de Luz et de Cauterets.

La brise souffle régulièrement tout l'été; elle rafraîchit l'atmosphère, commençant vers dix ou onze heures du matin et durant jusqu'à cinq ou six heures, c'est-à-dire pendant les heures chaudes de la journée. Elle ventile la vallée sans être assez forte pour soulever la poussière, entretenant une pureté remarquable de l'air. Aussi l'insolation, la luminosité y sont-elles très grandes; ce qui fait d'Argelès une des meilleures stations climatériques où puissent se prendre dans d'excellentes conditions les *bains de [lumière naturelle et de soleil.*

III. **Indications thérapeutiques.** — Nous résumerons ainsi les caractéristiques du *climat* d'Argelès: altitude moyenne, sol perméable, climat de montagne tempéré, ni très chaud ni très froid, à température modérée et presque constante, à air pur, oxygéné, sans poussière, modérément humide, doucement ventilé et rafraîchi, sans vents violents, à variations barométriques assez faibles et rarement brusques; *climat toni- sédatif.*

Ce climat est donc surtout indiqué dans les maladies suivantes:

1° MALADIES DES VOIES RESPIRATOIRES. — Les asthmatiques, les emphysémateux, qui ne peuvent supporter les hautes altitudes et les changements brusques de température, non plus que les gorges montagneuses étroites, se trouvent très bien du climat d'Argelès.

2º MALADIES DE LA NUTRITION. — Il en est de même pour les convalescents, les affaiblis, les malingres, les chloro-anémiques, qui ont besoin d'un séjour en montagne, mais qui, trop sensibles, trop fragiles, redoutent à juste titre des hautes stations.

Pour les uns et les autres de ces malades, Argelès peut servir d'intermédiaire, d'accoutumance. Cette station est tout indiquée pour recevoir les malades envoyés dans la haute montagne (vers Cauterets, Gavarnie, Barèges), et prévenir les accidents hémoptysiques ou dyspnéiques qui résultent souvent du brusque passage de la plaine aux hautes altitudes, et *vice versa*. Les malades peuvent y passer une ou plusieurs semaines avant le séjour en haute montagne et au retour avant de revenir en plaine. Ils feraient ainsi à Argelès, si nous osons dire, une « cure de montée » et une » cure de descente ».

3º TROUBLES DE DÉVELOPPEMENT CHEZ L'ENFANT ET L'ADOLESCENT. — L'altitude impressionne favorablement les enfants qui présentent des troubles de développement : enfants rachitiques, à thorax étroit, chloro-anémiques, anciens adénoïdiens et ceux ayant des déformations nettes du thorax et des déviations rachidiennes. Elle agit chez eux en oxygénant le sang, restaurant l'état général, ventilant le poumon et développant la cage thoracique (1). Aussi le professeur Landouzy (*Presse médicale*, septembre 1910) considère-t-il Argelès comme très indiqué pour le traitement des enfants malingres et difformes.

4º MALADIES NERVEUSES. — Nous avons, tout au long de cette étude, indiqué l'influence spéciale du climat d'Argelès en nous plaçant surtout au point de vue du terrain nerveux. Nous croyons donc inutile d'y insister longuement ici. Nous avons dit que le climat d'Argelès ressemblait beaucoup à celui de Pau, dont on connaît l'influence remarquable chez les nerveux. Pau n'est que sédatif. Argelès est de plus tonique. D'ailleurs, si le climat de Pau est excellent en hiver (2), il est malheureusement un peu trop chaud en été pour pouvoir être supporté par la plupart des nerveux.

(1) Pour plus de détails à ce sujet, voir : Fraikin et de Cardenal, *la Gymnastique suédoise associée à la cure de moyenne altitude dans le traitement des troubles de développement de la cage thoracique* (communication au Congrès de climatothérapie, Biarritz, avril 1908).
(2) Voir l'intéressante et complète étude du climat de Pau faite par le docteur Goudard, in *Avenir médical*, novembre 1906.

Ceux-ci, qui se seront bien trouvés de leur séjour à Pau en hiver, auront donc intérêt à continuer la cure à Argelès pendant l'été, dans un climat tout à fait analogue, et cela sans grand déplacement. C'est du reste ce que font nombre d'Anglais.

D'une manière générale, toutes les maladies nerveuses éprouvent les bienfaits du climat d'Argelès. Les *névroses* d'abord : *hystérie, épilepsie, chorée, maladies des tics,* et surtout *neurasthénie* sous ses diverses formes ; les fatigués, les vieillards, les surmenés, qu'il s'agisse de surmenage intellectuel ou physique.

Il en est de même des autres *affections nerveuses organiques,* soit pures, soit associées aux autres névroses (comme il arrive fréquemment) : *tabes, hémiplégies, paraplégies, myélites, polynévrites, goitre exophtalmique, asthme nerveux,* etc. Enfin, les *intoxications* diverses : alcoolisme, morphinomanie, saturnisme.

Nous y ajouterons l'*éréthisme,* sous ses formes nerveuse, respiratoire, cardiaque (cardiaques nerveux, angineux, aortiques, hypertendus).

Ces quatre classes de malades pourront utiliser les promenades d'Argelès pour faire, suivant la méthode d'Œrtel, une *cure de terrains;* ils y trouveront de bonnes routes sans pentes, des chemins à pentes faibles, des pentes fortes, des sentiers de montagne escarpés.

I V. **Durée de la saison.** — Ainsi que nous l'avons signalé déjà, la saison est longue à Argelès. Les malades qui ont besoin d'une cure très suivie peuvent, sans inconvénient, y séjourner du 1er mai au 1er novembre. D'autres auront avantage à y faire deux séjours : l'un au printemps, l'autre à la fin de l'été. Ils pourront passer les semaines intermédiaires dans une station plus élevée : Cauterets, Eaux-Bonnes, Luz, Saint-Sauveur, Gavarnie.

V. **Institut de thérapeutique physique** (1). — On a voulu adjoindre à cette action climatérique spéciale d'Argelès, les autres agents physiques. C'est pourquoi on y a installé un établissement que le docteur Legrand (de Biarritz) appelle « un institut de thérapeutique de premier ordre », qui contribue fort heureusement à fixer la véritable physionomie médicale d'Argelès. « L'hydrothérapie, qui occupe la partie centrale de l'établissement, y est appliquée dans des locaux qui peuvent rivaliser avec les premières installations de ce genre ; à droite et à gauche de cette partie centrale,

(1) Fraikin et de Cardenal, *les Indications générales de la thérapeutique physique dans les maladies nerveuses et orthopédiques,* brochure, 1905.

LINGERIE   SERVICE   SERVICE   PHOTOGRAPHIE

PISCINE CHAUDE

CONSULTATIONS

COURANTS GALVANO-FARADIQUES

SISMOTHÉRAPIE

BAIN HYDRO-ÉLECTRIQUE

BAIN D'AIR CHAUD

BAIN DE LUMIÈRES COLORÉES

ÉLECTRICITÉ STATIQUE

HAUTE FRÉQUENCE

RADIOGRAPHIE

W.C.   BAIN DE LUMIÈRE BLANCHE   MASSAGE   BAINS LOCAUX   BAINS LOCAUX   MASSAGE   BAIN D'AIR CHAUD   W.C.

DÉSHABILLOIRS   SALLE D'HYDROTHÉRAPIE   DÉSHABILLOIRS

MASSAGE   MASSAGE

BAIN   BAIN   BAIN   BAIN D'AIR CHAUD   PISCINE FROIDE   BAIN DE VAPEUR   BAIN   BAIN   BAIN

MACHINES A REDRESSEMENT

APPAREILS DE MENSURATION

MOUVEMENTS ORTHOPÉDIQUES

MACHINES A FROID

CONSULTATIONS   SALON D'ATTENTE   LABORATOIRE CLINIQUE

DISTRIBUTION GÉNÉRALE DE L'INSTITUT THÉRAPEUTIQUE

figurent d'une part les appareils électriques les plus modernes, d'autre part une salle d'orthopédie et de rééducation motrice où sont réunis tous les appareils de mécanothérapie (1). » Ce traitement physique est utilisé avec avantage dans les troubles de déve-

VUE EXTÉRIEURE DE L'INSTITUT

loppement, les maladies orthopédiques et les affections du système nerveux. Une *maison de santé* annexe peut recevoir les malades qui ont besoin (cures de régimes, psychothérapie) d'être plus immédiatement sous la direction du médecin.

(1) In *Revue médicale de Biarritz*, août 1907.

Institut de Thérapeutique physique

ET D'ORTHOPÉDIE

Ouvert de Mai à Novembre

Directeurs : Drs FRAIKIN et GRENIER de CARDENAL

L'Institut d'Argelès, installé suivant toutes les exigences de l'hygiène et de la thérapeutique modernes, utilise tous les procédés de la thérapeutique physique.

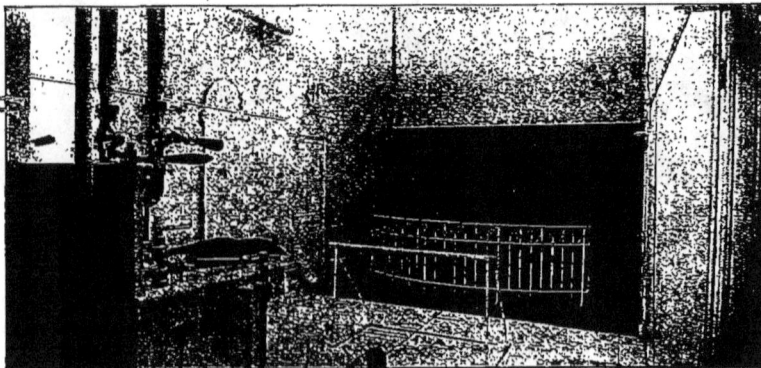

SALLE DE DOUCHES ET PISCINE CHAUDE A EAU COURANTE

CLIMAT : toni-sédatif.

BAINS d'AIR et de **SOLEIL.**

BAINS d'AIR sec et surchauffé.

BAINS de LUMIÈRE ÉLECTRIQUE (lumière blanche et lumières colorées).

BAINS de CHALEUR RADIANTE (lampes Dowsing).

HYDROTHÉRAPIE. — Bains simples et médicamenteux. Bains de piscine (chaude et froide). Douches de toutes sortes. Douches de vapeur. Douches ascendantes.

ÉLECTROTHÉRAPIE. — Courants galvaniques et faradiques de toutes formes. — Franklinisation statique. — Bain hydro-électrique. — Courants de haute fréquence (divers modes d'application). — Bains de lumière électrique — Bains et douches d'air chaud.

    Rayons X. — Radioscopie et radiographie.

MÉCANOTHÉRAPIE. — Appareils Zander. — Applications aux maladies nerveuses et orthopédiques.

KINÉSITHÉRAPIE. — Gymnastique orthopédique de développement. — Gymnastique suédoise. — Rééducation musculaire méthodique, appliquée aux maladies nerveuses. — **Massage** français et suédois. — Massage général et local. — Massage vibratoire électrique (**sismothérapie**).

RÉÉDUCATION PSYCHIQUE et MOTRICE.

MALADIES TRAITÉES A L'INSTITUT D'ARGELÈS

MALADIES NERVEUSES. — Neurasthénie. — Surmenage. — Hystérie. — Épilepsie. — Psychonévroses. — Chorée. — Tics. — Goitre exophtalmique. — Ataxie. — Sclérose en plaques. — Hémiplégie. — Paralysies. — Névrites. — Névralgies.

MALADIES de la NUTRITION. — États chloro-anémiques. — Diathèse arthritique (goutte, obésité, rhumatisme chronique, diabète). — Artériosclérose. — Intoxications chroniques (alcoolisme, saturnisme, morphinomanie).

    Troubles nerveux de l'**Estomac** et de l'**Intestin.**

MALADIES de la CROISSANCE. — Troubles de développement. — Débilité infantile. — Rachitisme. — Étroitesse thoracique. — Hypertrophie cardiaque de croissance. — Traitement des **attitudes vicieuses** et des **déviations vertébrales** (scolioses, cyphoses, lordoses).

MALADIES de l'APPAREIL LOCOMOTEUR. — Arthrites. — Déviations des membres. — Ankyloses. — Paralysies infantiles. — Maladie de Little. — Contractures. — Atrophies musculaires. — Traitement physique des troubles moteurs causés par les traumatismes anciens et les accidents du travail.

Les médecins directeurs font eux-mêmes l'application des divers traitements ou les font exécuter sous leur surveillance directe par un personnel diplômé.

BAIN DE LUMIÈRE GÉNÉRALE

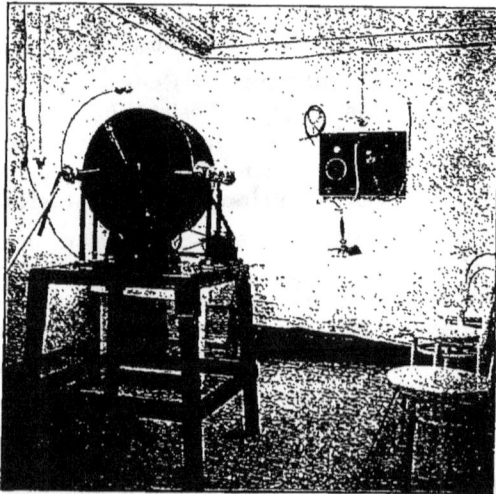

MACHINE STATIQUE A 6 PLATEAUX ET SISMOTHÉRAPIE

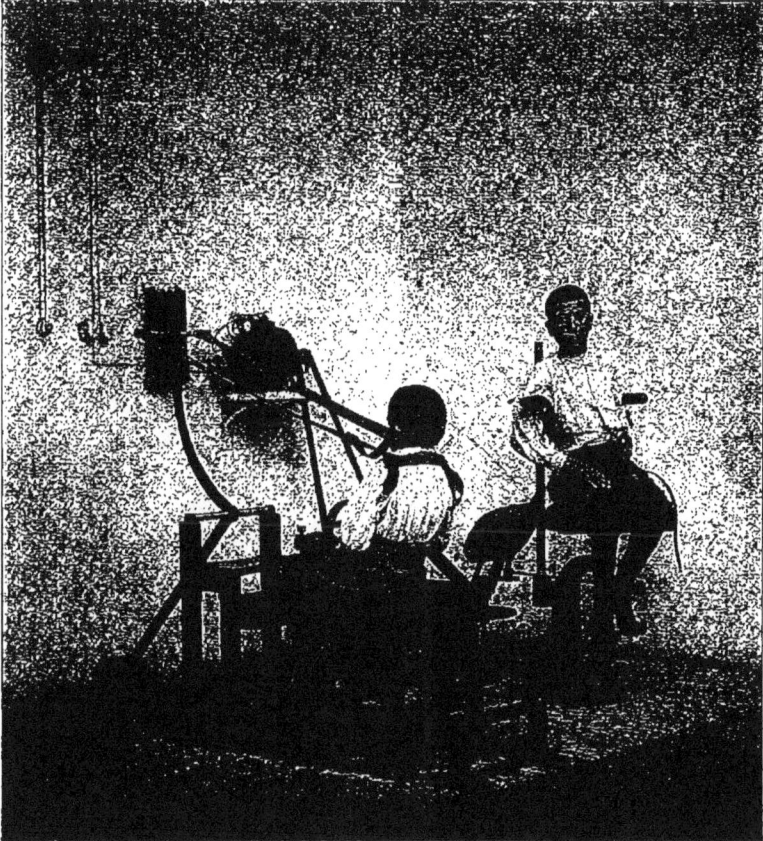

APPAREILS ZANDER POUR LA FLEXION ANTÉRO-POSTÉRIEURE DU DOS
ET LA ROTATION PASSIVE DU BASSIN

LA SALLE DES TRAITEMENTS PAR LA GYMNASTIQUE

ANNEXE
DE
L'INSTITUT DE THÉRAPEUTIQUE PHYSIQUE

MAISON MÉDICALE DE REPOS
— *VILLA DU LABÉDA* —
Placée sous la direction des médecins de l'Institut

Le séjour à la « Maison médicale de repos » est indiqué pour les malades qui ont besoin d'une direction médicale constante, et pour ceux qui ont besoin de suivre un régime alimentaire particulier.

CURES d'AIR — CURES de RÉGIMES — PSYCHOTHÉRAPIE

Cette maison de repos et de régime complète la physionomie médicale d'Argelès, et en fait, avec l'Institut, une véritable « station thérapeutique » égale à celles que l'on trouve en Suisse.

Pour tous renseignements concernant l'Institut de thérapeutique physique et la « Maison médicale de repos », s'adresser aux médecins directeurs de l'Institut.

HOTELS

HOTEL du PARC et d'ANGLETERRE,
H. Lassus, propriétaire.

HOTEL de FRANCE,
Peyrafitte, propriétaire.

HOTEL BEAUSÉJOUR,
Chébardy, propriétaire

VILLAS,
pour la location, s'adresser à Mme Ricau-Lac.

PENSIONS de FAMILLE depuis 6 francs par jour

JEUX de GOLF et de TENNIS

ÉTABLISSEMENT THERMAL D'ARGELÈS-GAZOST

EAUX MINÉRALES SULFURÉES
Sodiques, Iodo-Bromurées

Ces eaux tiennent le milieu entre les sulfures sodiques de Cauterets, Luchon, Ax, etc. (sulfure de sodium) et les eaux chlorurées sodiques d'Encausse, Capvern, etc.

Il existe deux sources : 1º source principale ; 2º source noire. — La source noire est beaucoup plus chargée en chlore et en sodium que la source principale.

INDICATIONS THÉRAPEUTIQUES

Maladies de l'Appareil respiratoire :
Laryngites — Pharyngites — Bronchites — Emphysème Asthme — Catarrhe bronchique.

Maladies de l'Appareil génito-urinaire :
Catarrhe vésical — Métrites — Périmétrites -- Affections salpingo-ovariennes.

Maladies de l'Appareil locomoteur :
Sciatique — Rhumatisme chronique.

Maladies cutanées :
Ulcères atoniques — Plaies — Eczéma.

Maladies générales constitutionnelles et spécifiques :
Scrofule — Arthritisme — Syphilis.

PROMENADES ET EXCURSIONS

AUX ENVIRONS D'ARGELÈS

(GUIDES ET LOUEURS)

***

Nota. — Pour les excursions et promenades ci-dessous énoncées, on trouve à Argelès-Gazost guides, chevaux et voitures à discrétion et à des prix tarifés.

Les principales promenades et excursions à faire [aux environs d'Argelès sont les suivantes :

Courses en voiture. — *Aller et Retour*

1º Tour de la vallée par Pierrefitte, Villelongue et les ruines du château de Beaucens. — 2 h. 1/2.

2º Tour de la vallée par Ayros, Lugagnan et le Pont Neuf. — 2 heures.

3º Pierrefitte par Saint-Savin, la chapelle de Piétat et retour par la vallée. — 2 heures.

4º Vallée d'Azun, Arrens et la chapelle de Poey-la-Houn. Très belle course. — 4 heures.

5º Gazost par Lugagnan et Juncalas, belle cascade. Ruines du château de Castelloubou. Gorge des Enfers. Sources de Gazost. Course très intéressante. — 5 heures.

6º Gez à Sère (vallée de Bergons). 2 heures.

7º Arcizans-Avant par Saint-Savin. Très belles vues. — 1 h. 1/2

8º Argelès à Ouzous (vallée de Bergons). — 1 h. 1/2.

9º Cauterets. — 3 heures.

10º Luz, Saint-Sauveur. — 3 heures.

11º Barèges. — 5 heures.

12º Gavarnie. — Toute la journée.

13º Lourdes. — 2 heures.

14º Lac de Lourdes. — 3 heures.

15º Bagnères-de-Bigorre. — 5 heures.

Courses à pied, à âne ou à cheval

Très faciles et qui peuvent être faites sans guide

1º Tirelire (point de vue sur la vallée d'Argelès). — 1 heure aller et retour à pied.

2º Arieulat, bords du gave d'Azun. — 1 heure.

3º Saut du Procureur et Arras. Château du Prince Noir (quatorzième siècle) et deux autres châteaux. Beau point de vue. — 3 kilomètres.

4º Saint-Savin. Église et restes d'une abbaye ; monument historique. Une des courses les plus recommandées. — 5 kilomètres.

5º Mont de Gez. Très beau point de vue sur les vallées d'Argelès, de Bergons et d'Azun. — 5 heures aller et retour, y compris 1 heure de station.

6º Ouzous par le Balandrau. Beaux ombrages, belle vue sur la vallée d'Argelès.

7º Vallée de l'Extrème. Gez, Sère, Salles, Ouzous et Ayzac. Excursion très recommandée. — 5 à 6 kilomètres.

8º Château de Silhen. Beau point de vue.

9º Ruines du château de Beaucens, ancienne résidence des vicomtes de Lavedan. Course très recommandée. — 7 kilomètres, 3 heures.

10º D'Argelès à Artalens-Souin. Beau point de vue ; grottes. — Environ 8 kilomètres, 4 heures.

11º Chapelle de Sainte-Castère, à 5 minutes de Lau-Balagnas. — 1 heure à pied.

12º D'Argelès à Saint-Savin par la route des Eaux-Bonnes, le pont d'Arras et Arcizans-Avant. Ruines d'un vieux château. — 4 heures.

13º D'Argelès à Arcizans-Avant et le vieux chemin de Sireix. Ruines d'un vieux château. Belle vue. — 3 heures.

14º D'Argelès à Villelongue, Ortiac et aux ruines de l'abbaye de Saint-Orens. Vallon très pittoresque d'Isaby. On peut aller en voiture jusqu'à Villelongue ou en chemin de fer jusqu'à Pierrefitte. 1 heure environ de Villelongue à Saint-Orens. Si l'on veut monter de Saint-Orens à la cascade de Paspiche, il faut une heure de plus. Très belle course.

Courses plus longues et plus difficiles

1º Lac d'Estaing (10 heures aller et retour), longue mais facile. Guide utile. Emporter des provisions. — A pied ou à cheval.

2º Vallée de Bergons; cols d'Ansan, de Laspendelles, de Bazet et descente sur la vallée d'Azun. Retour par Aucun et Arras. Belles forêts, admirables points de vue. Course très recommandée. Guide utile. — 12 heures.

3º Pouey-Espé, ancien ermitage de Saint-Savin, par Uz. Mines de Pierrefitte (mines de plomb argentifère). Beau point de vue. On peut aller en voiture jusqu'à la chapelle de Piétat. — 5 heures.

4º Montagne d'Azy, Brèche du Roi et Pré du Roi (10 heures aller et retour). Course pénible, mais très belle. Un guide est nécessaire. — A pied seulement à partir de Salles.

5º Lac d'Isaby. Retour par la vallée très pittoresque d'Isaby, la cascade de Paspiche, les ruines de l'abbaye de Saint-Orens et Villelongue. — A pied ou à cheval.

6º Lac Bleu. — De 15 à 20 heures aller et retour.

7º D'Argelès à Gazost, par Artalens, le col de Tramassel, la fontaine des Trois-Seigneurs et les sources du Nest. Retour par Juncalas. — 15 à 20 heures. A pied seulement.

8º Hautacam ou crêtes du Davantaygue, montée par Lugagnan et Berberus-Lias, descente par Artalens. — La journée.

9º La vallée d'Arrens; retour par la vallée d'Estaing. — La journée.

10º La vallée d'Arrens, entrer en Espagne par le col de la Peyre-Saint-Martin, rentrer en France par le col du Marcadau, vallée du Marcadau, Cauterets (aller coucher à Arrens au départ, revenir de Cauterets par le train). — Course très recommandée, mais fatigante.

11º D'Argelès à Bagnères-de-Bigorre, par Artalens, le col de Tramassel, le lac d'Isaby, le lac d'Ourrec, le lac Bleu, la vallée de l'Esponne. — La journée, coucher à Bagnères, revenir le lendemain par le train. — Fatigant.

12º Le Pibeste. — Peut se faire à cheval (6 heures).

13º Le Léviste. — 15 heures.

14º Le Viscos. — 15 heures.

15º Le Cabaliros. — 15 heures.

16° Le Gabizos. — Coucher à Arrens.
17° Le Balaïtous. — Coucher à Arrens.
18° Le Pic du Midi. — Coucher à Barèges.
19° Le Vignemale.

Paris. — Imp. C. PARISET, 5, rue des Italiens. — 4-12

ARGELÈS-GAZOST

ET SES

ENVIRONS

Propriété de l'Institut
de Thérapeutique Physique
d'Argelès-Gazost.

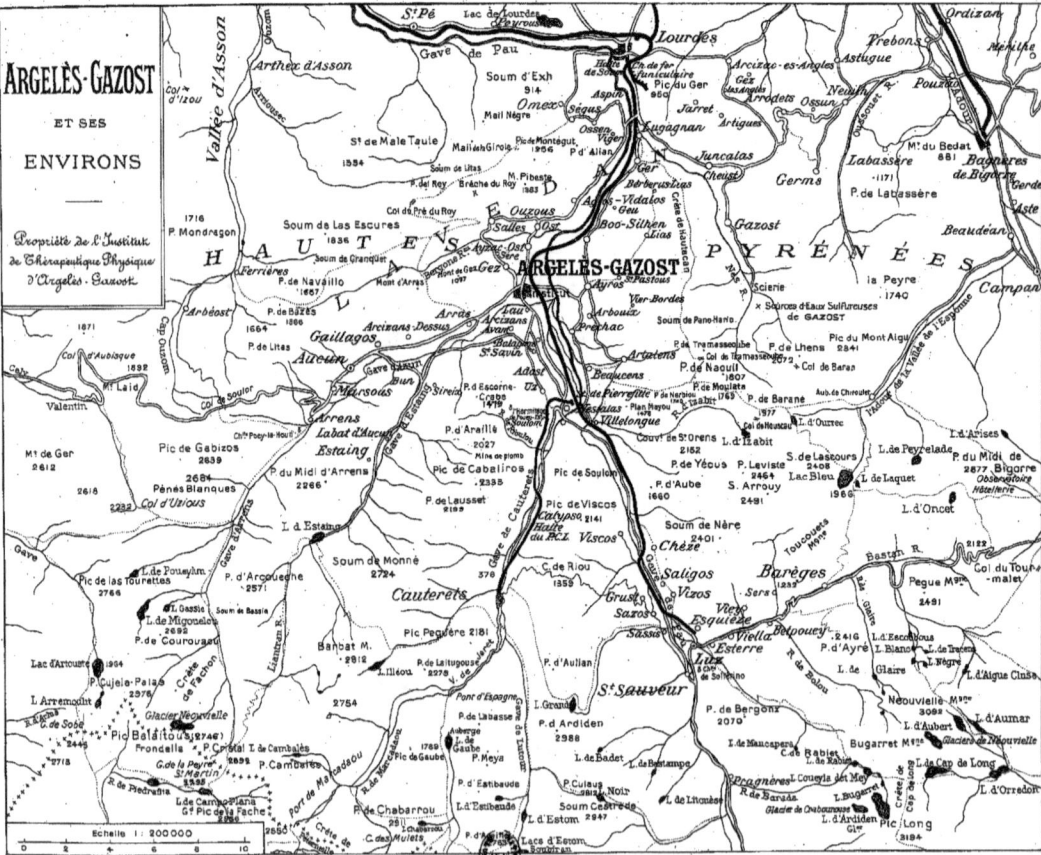

Echelle 1 : 200000

H A U T E S — P Y R É N É E S

St-Pé — Lac de Lourdes — Lourdes — Ordizan — Prébons — Astugue — Méhilhe
Gave de Pau — Arthez d'Asson — Soum d'Exh — Omex — Aspin — Arcizac-es-Angles — Ossun — Neuilh — Pouzac
Vallée d'Asson — St-de Male Taule — Mail Nègre — Ségus — Ossen — Lugagnan — Jarret — Artigues
Col d'Ilzou — Maillah Girois — Pic de Montégut — Ger — Juncalas — Germs — Labassère — Mt du Bedat
Arrouec — M. Pibeste — P. d'Allan — Berbérustius — Cheust — Bagnères de Bigorre — Gerde
P. del Rey — Bréche du Roy — Ger — Agès — Vidalos — Geu — Gazost — P. de Labassère — Aste
Col du Pré du Roy — Boo-Silhen — Lias — Beaudéan
P. Mondragon — Soum de Las Escures — Ouzous — la Peyre — Campan
Ferrières — Soum de Granquet — Gez — ARGELÈS-GAZOST — Scierie — Sources d'Eaux Sulfureuses de GAZOST
Arbéost — P. de Navailho — Mont de Gez — Ayros — Pastous
Col d'Aubisque — P. de Bazès — Arras — Yzer-Bordes — Pic du Mont Aigu
Arcizans-Dessus — Arcizans-Avant — Arboux — Préchac — Soum de Pène-Nère
Valentin — P. de Litas — Gaillagos — St-Savin — Artalens — Col de Tramasségues — P. de Lhens — Col de Baran
Aucun — Gèze — Béoucens — P. de Naguil — P. de Moulata — Aub. de Chiroulet
Mt de Ger — Pic de Gabizos — Marsous — Sireix — P. d'Escorne-Crabe — St-Pierre-fitte — P. de Narbiou — Isaby — L. d'Ourreou
Pénès Blanques — Arrens — Labat d'Auque — Pesalas — Plan Mayou — Couvt de St-Orens — L. d'Habit — L. d'Arises
Col d'Uzious — P. d'Araille — Villelongue — P. de Yéous — S. de Lascours — L. de Peyrelade
P. du Midi d'Arrens — Pic de Cabaliros — Pic de Soulom — P. Leviste — Lac Bleu — P. du Midi de Bigorre
P. de Lausset — S. Arrouy — L. de Laquet — Observatoire
L. de Estaing — Pic de Viscos — Soum de Nère — L. d'Oncet
Gave — L. de Pouey-lun — Soum de Monné — Calypso — Viscos — Chèze — Toucouère
Pic de las Tourettes — P. d'Arcouèche — C. de Riou — Saligos — Barèges — Pegue Mte
L. Gassie — Soum de Bassia — Cauterets — Vizos — Sers — Col du Tourmalet
L. de Migouélou — Bahbat M. — Grust — Sarosse — Vieu — P. d'Escoubous — L. de Trame
P. de Courouaou — Pic Peguère — Sassis — Esquièze — Viella — L. Blanc — L. Nègre
Lac d'Artouste — P. de Latugousse — Viella — Esterre — Betpouey — P. d'Ayré — L. d'Aigue Llusa
P. Cujéla-Palas — L. Illéou — Pont d'Espagne — Luz — P. de Saftenoa — Glaire
L. Arremoulit — Crête de Fachon — L. Grand — St-Sauveur — Néouvielle Mte
Glacier Néouvielle — P. de Labasse — P. d'Ardiden — P. de Bergons — L. d'Aumar
Pic Balaïtous — Frondella — P. Cristal — L. de Cambalès — Auberge de Gaube — L. de Badet — L. de Mancapera — Bugarret Mte — Glaciers de Néouvielle
G. de la Peyre — St-Martin — P. Camboué — P. Meya — L. de Bastampa — L. d'Aubert — L. du Cap de Long
R. de Piedrafita — P. d'Estibaude — Culaus — Rabiet — Bragnères — L. de Líloubes — L. d'Orredon
L. de Campo-Plana — Gte Pic de la Fache — P. de Chabarrou — L. d'Estibaude — Soum Cestrède — Ste Noir — R. de Bardés — L. Bugarret — Pic Long
Port de Marcadaou — Soum de — C. d'Estom — Glaciers de Cro... — L. d'Ardiden — L. d'Orredon
Crête de — C. des Mulets — P. d'Aguila — Lacs d'Estom Soubiran

105